AF410934

L'ARPENTAGE

A SA PLUS SIMPLE EXPRESSION.

(570) SAINT-CLOUD. — IMPRIMERIE DE Me Ve BELIN.

L'ARPENTAGE

A

SA PLUS SIMPLE EXPRESSION,

CONTENANT DES

NOTIONS ÉLÉMENTAIRES SUR LE LEVER ET LE LAVIS DES PLANS

ET SUIVI

D'UNE PLANCHE COLORIÉE,

Ouvrage mis à la portée des jeunes gens qui ne suivent pas de cours
spéciaux de géométrie,

PAR

M. L'ABBÉ Z.-J. GODIMUS,

Précepteur.

———→○←———

PARIS,

LIBRAIRIE CLASSIQUE D'EUGÈNE BELIN,

RUE DE VAUGIRARD, N° 52,

DERRIÈRE LE SÉMINAIRE DE SAINT-SULPICE.

—

1857.

PRÉFACE.

L'arpentage devrait faire partie des connaissances indispensables du propriétaire, du fermier, et même de l'ouvrier dont le gain est mesuré sur l'étendue de terrain qu'il a exploitée. On regarde l'arithmétique comme absolument nécessaire, et, avec raison, on l'enseigne dans les plus petites classes de nos villages; mais il ne s'agit pas seulement de pouvoir calculer une espèce d'intérêt, il faut qu'un bon propriétaire puisse se rendre compte de tout, et ne point être toujours obligé de recourir à la science du géomètre, quand il a tout simplement à vérifier si un voisin avide n'empiète point sur ses terres, ou s'il est en droit de faire telle ou telle réclamation. Si l'art de mesurer les terres était un art difficile, on serait souvent excusé de ne point le connaître, mais, nous pouvons l'assurer, l'arpentage, tel que nous l'avons exposé, demande seulement quelques jours d'application, et cependant en le simplifiant, en éloignant tout ce qui nous a paru inutile, nous avons fait un ouvrage suffisamment complet pour les écoles primaires, les classes de français des pensionnats et des colléges, et enfin pour tout propriétaire qui veut apprendre seul ; nous avons résolu les problèmes les plus attrayants sur les distances, les hauteurs, etc. ; de plus nous avons suffisamment expliqué le *lavis des plans*, et pour plus d'utilité nous avons ajouté à l'ouvrage une planche coloriée, représentant tous les terrains et les accidents de la nature dont on mesure ordinairement l'étendue.

EXPLICATION DES SIGNES.

--

(*) Indique une note qui se trouve au bas de la page.

$+$ Signifie : *plus* ou *additionné à*.

$-$ *Id.*   *moins* ou *soustrait de.*

$\times$ *Id.*   *multiplié par.*

$=$ *Id.*   *égale.*

$\div$ *Id.*   *divisé par.*

$:$ *Id.*   *est à.*

$::$ *Id.*   *comme.*

L'ARPENTAGE

A SA PLUS SIMPLE EXPRESSION.

INTRODUCTION A L'ARPENTAGE.

—

L'arpentage est l'art de mesurer la superficie d'un terrain quelconque, c'est-à-dire son étendue considérée sous deux dimensions : *longueur* et *largeur*.

Mais comme cette mesure ne laisse aucune trace, on représente souvent en petit, sur le papier, la forme du terrain ; c'est ce qu'on appelle *lever un plan*.

Pour distinguer sur un plan les différentes espèces de terres, on est convenu de donner à chaque terrain une teinte que l'on appelle, pour cette raison, *conventionnelle*. C'est ce qu'on désigne sous le nom de *lavis des plans*.

SYSTÈME MÉTRIQUE

APPLIQUÉ A L'ARPENTAGE.

—

Au siècle dernier un grand nombre de mesures différentes s'étaient introduites en France. Leur dénomination et leur contenance variaient d'un village à l'autre : ici, on comptait par *arpents*, par *perches*, par *journaux* ou *journée de terres*; là, c'était par *boisselées*, par *bichelées*, par *ouvrées*, par *bouniées*, par *huitelées*, par *mencaudées*, par *rasières*, etc., etc. De là résultaient de graves inconvénients et des erreurs fréquentes dans les transactions, qui souvent jetaient la désunion dans les familles.

Pour obvier à cette confusion de mesures, le gouvernement français a adopté l'*are* qui dérive du mètre, comme unité fondamentale de l'arpentage.

Le mètre est la dix-millionième partie du quart du méridien terrestre. On appelle méridien une ligne imaginaire qui passe par les deux pôles de la terre.

Voici la nomenclature des multiples du mètre :

    1° *Décamètre* qui vaut   10 mètres.
    2° *Hectomètre*   —   100   —
    3° *Kilomètre*   —   1,000   —
    4° *Myriamètre* —   10,000   —

Voici la nomenclature des sous-multiples du mètre :

1° *Décimètre* qui vaut   10 fois moins que le mètre.
2° *Centimètre*   —   100   —   —
3° *Millimètre*   —   1,000   —   —

Remarque. — Au lieu de dire :

    Qui vaut   10 *fois moins que le mètre.*
    Qui vaut 100   —   —
    Qui vaut 1,000   —   —

on dit :

    Dixième partie du mètre.
    Centième   —
    Millième   —

Du mètre on a donc formé, comme je viens de le dire, l'*are* qui a 10 mètres de côté, et conséquemment 100 mè-

tres carrés de surface (*). On n'emploie que trois mesures agraires qui sont :

L'hectare, l'are et le centiare.

L'*hectare*, la plus grande des mesures agraires, vaut
100 ares; c'est un carré qui a 100 mètres de côté, et par
conséquent $100 \times 100 = 10,000$ mètres carrés de surface.

Le *centiare* n'est autre chose que le mètre carré. On
vient de démontrer que l'are vaut 100 mètres carrés; le
centiare ou la centième partie de l'are est donc un mètre
carré.

Pour convertir en ares une surface exprimée en mètres carrés, il suffit d'avancer la virgule de deux rangs
vers la gauche; ainsi 548 mètres carrés égalent 5 ares
48 centiares.

Les trois mesures agraires sont des carrés dont les
côtés ont 1 mètre pour le *centiare*, 10 mètres pour
l'*are*, et 100 mètres pour l'*hectare*. Mais les surfaces
sont de cent en cent fois plus grandes, lorsque les côtés
sont de dix en dix fois plus grands seulement.

REMARQUE. — Pour exprimer la surface d'un terrain
en hectares, ares et centiares, *il faut deux chiffres pour
représenter les ares, et deux chiffres pour les centiares.* Le *décare* et le *déciare* ne sont point usités.

Conséquemment si l'on désirait exprimer la surface

(*) Le professeur devra s'assurer si les élèves comprennent bien
ce principe. Il convient de s'y arrêter tout spécialement, parce
que c'est la base de la théorie et des combinaisons de l'arpentage.

d'un terrain qui a 18,614 mètres carrés, 13 décimètres, en hectares, ares, centiares, il faudrait dire 1 *hectare*, 86 *ares*, 14 *centiares*. (On néglige toujours dans les grandes surfaces les fractions du mètre carré.)

Persuadé que l'on possède imperturbablement ce que nous venons de développer et les quatre règles fondamentales, au moins, de l'arithmétique, nous pouvons passer aux notions proprement dites de l'arpentage.

NOTIONS LES PLUS USUELLES DE L'ARPENTAGE

DE LA LIGNE.

La *ligne droite* est le plus court chemin d'un point à un autre (*fig.* 1).

Fig. 1.

La *ligne brisée* est un assemblage de lignes droites qui se coupent (*fig.* 2).

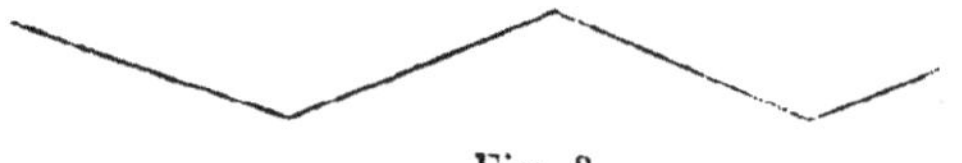

Fig. 2.

La *ligne courbe* est celle qui n'est ni droite ni composée de lignes droites (*fig*. 3).

Fig. 3.

La *ligne mixte* est composée de droites et de courbes qui se coupent (*fig*. 4).

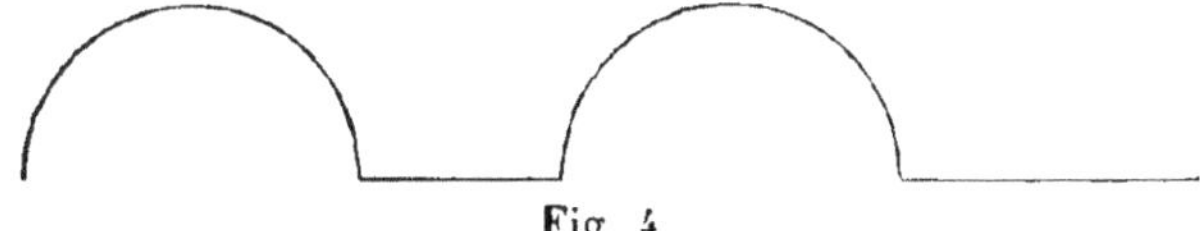

Fig. 4.

La *ligne horizontale* est une ligne qui correspond au niveau de l'eau tranquille (*fig*. 5).

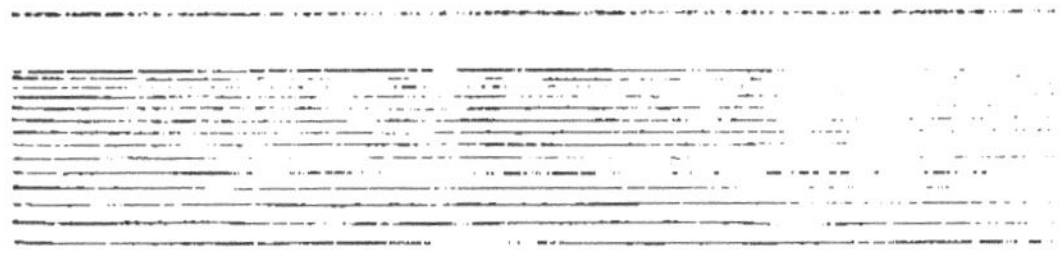

Fig. 5.

La *ligne verticale* suit la direction d'un fil à plomb librement suspendu ou d'une pierre qui tomberait du ciel (*fig*. 6).

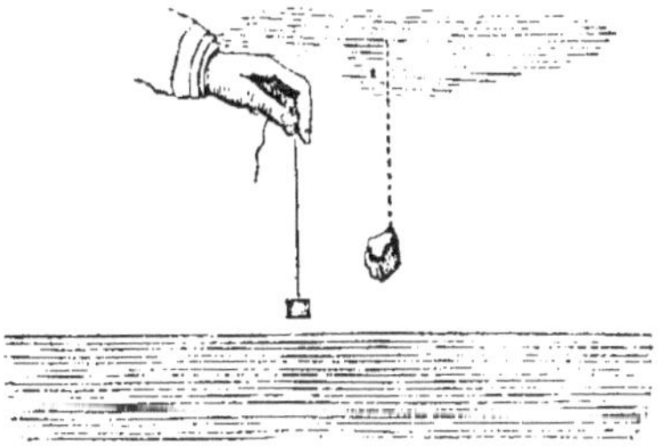

Fig. 6.

La *ligne oblique* n'est ni horizontale , ni verticale.
L'*oblique à droite* est celle qui penche à droite; l'*oblique
à gauche* est celle qui penche à gauche : un toit représente ces deux sortes d'obliques (*fig.* 7).

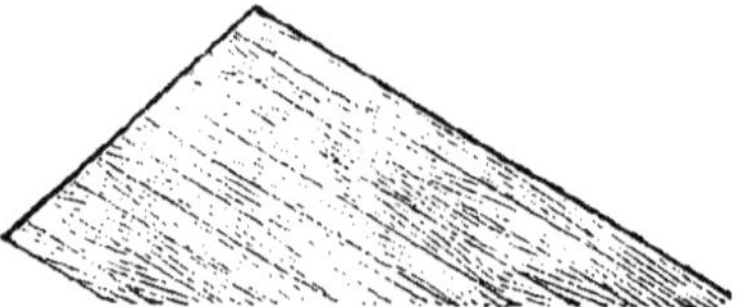

Fig. 7.

La *ligne perpendiculaire* est celle qui, en tombant
sur une autre droite, ne penche pas plus d'un côté que
de l'autre. Il n'est point nécessaire que la ligne sur laquelle tombe la perpendiculaire, soit horizontale (*fig.* 8).

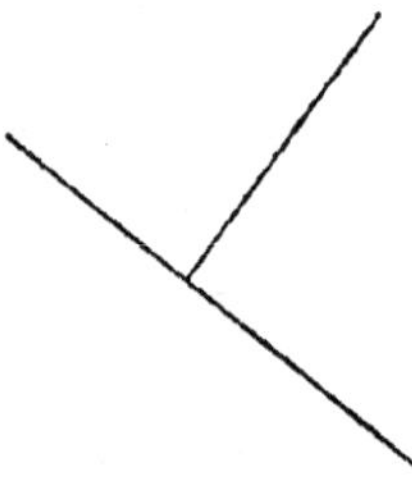

Fig. 8.

On appelle *lignes parallèles* la réunion de deux ou
plusieurs droites partout également distantes. Les lignes
parallèles, même prolongées à l'infini, ne pourraient ja-
mais se rencontrer (*fig.* 9).

Fig. 9.

DES ANGLES.

Un *angle* est l'écartement compris entre deux droites qui se coupent, en se rencontrant en un point que l'on nomme sommet (*fig.* 10).

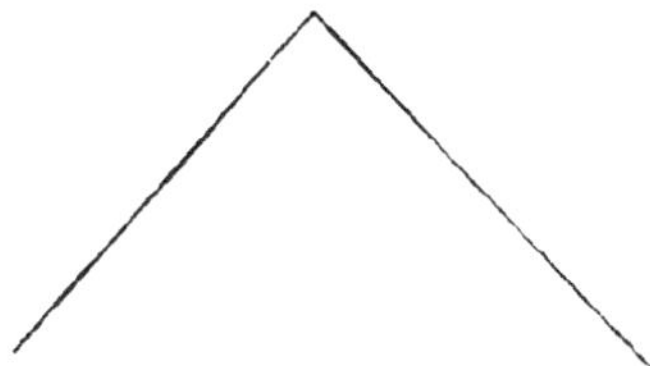

Fig. 10.

On dit qu'un *angle* est *rectiligne*, lorsqu'il est formé par deux droites, comme ci-dessus.

L'*angle curviligne* est celui qui est formé par deux courbes (*fig.* 11).

Fig. 11.

L'*angle mixtiligne* est celui qui est formé d'une droite et d'une courbe (*fig.* 12).

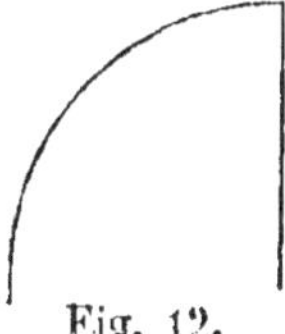

Fig. 12.

L'*angle droit* a un côté qui tombe perpendiculairement sur l'autre (*fig.* 13).

Fig. 13.

L'*angle aigu* est moins ouvert que l'angle droit (*fig.* 14).

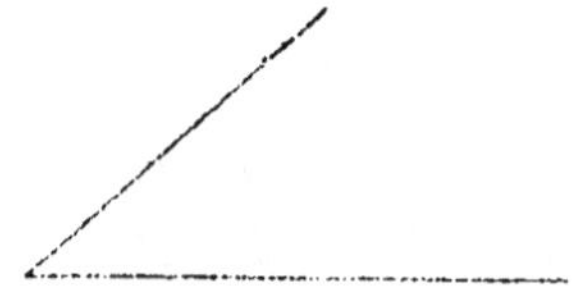

Fig. 14.

L'*angle obtus* est plus ouvert que l'angle droit (*fig.* 15).

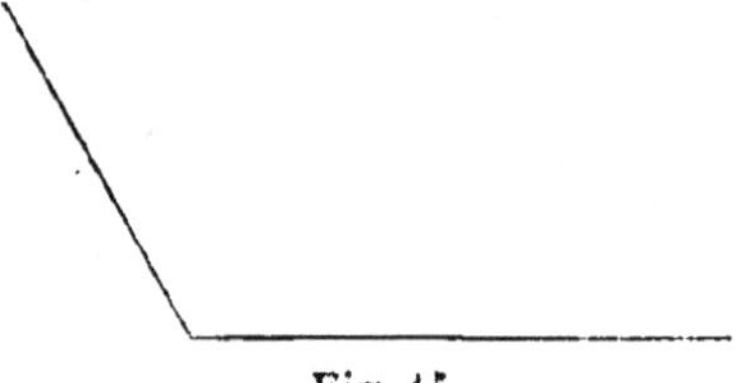

Fig. 15.

Remarque. — Pour bien comprendre la théorie des angles, qui est d'un très-grand usage dans l'arpentage, l'élève devra parfaitement comprendre la théorie du cercle.

DU CERCLE.

Le *cercle* est une surface limitée de tous côtés par une ligne courbe nommée *circonférence*, toujours également distante d'un point intérieur qu'on nomme *centre* (*fig.* 16).

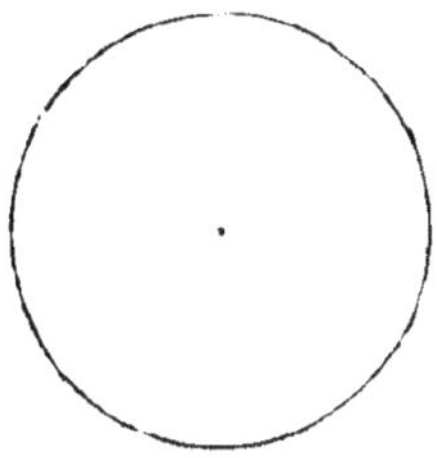

Fig. 16.

Dans un cercle on remarque la *circonférence*, le *diamètre* A O G (*fig.* 17), le *rayon* O H, l'*arc* et sa *corde* B G, la *tangente* G I, etc.

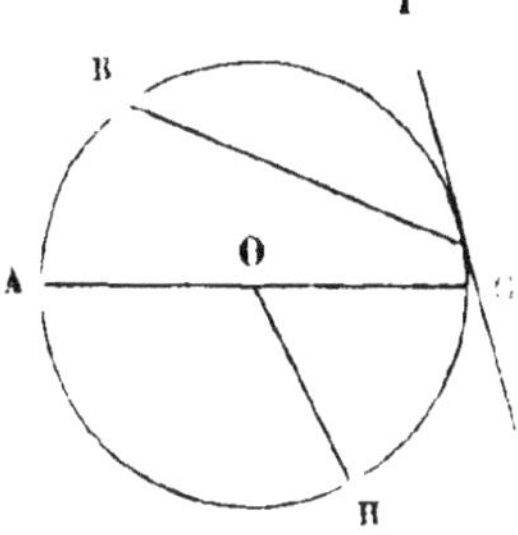

Fig. 17.

En géométrie, la circonférence est divisée en 360 parties égales que l'on nomme *degrés*. Le degré se divise en 60 *minutes*; la minute en 60 *secondes*; la seconde en 60 *tierces*, etc., que l'on indique par les signes (°), ('), ("), ("'), etc. Dans cette division, qui prend le nom de *sexagésimale*, la demi-circonférence vaut 180°, et le *quadran*, égal à l'angle droit, contient 90°.

Il y a une autre division, qui a pris le nom de *division centésimale*, lors même de sa création, parce qu'elle dérive du système décimal des poids et mesures. Cependant elle n'a point prévalu.

Sa circonférence est divisée en 400 parties appelées *grades*; le grade est divisé en 100 *minutes*; la minute en 100 *secondes*; la seconde en 100 *tierces*, etc. Le quadran ou angle droit vaut donc 100 grades.

L'*ellipse* est une figure circulaire formée par quatre arcs de cercle égaux deux à deux (*fig.* 18).

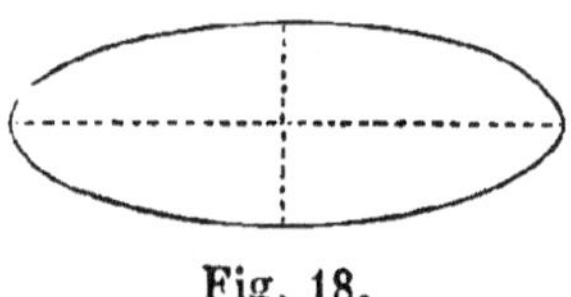

Fig. 18.

DES POLYGONES.

On appelle *polygone* une portion de plan limité de toutes parts par des droites ; telle est la *fig.* 19.

Fig. 19.

Les polygones sont distingués entre eux par le nombre de leurs côtés.

Un polygone à 3 côtés s'appelle *triangle*.
    —   4   —   *quadrilatère*.

Un polygone à   5 côtés s'appelle *pentagone*.

    —   6   —   *hexagone*.

    —   7   —   *heptagone*.

    —   8   —   *octogone*.

    —   9   —   *ennéagone*.

    —   10   —   *décagone*.

    —   11   —   *endécagone*.

    —   12   —   *dodécagone*.

    —   15   —   *pentadécagone*.

On n'a pas poussé plus loin cette nomenclature ; on dit en général un polygone de 20, de 30, de 50 côtés.

Tout polygone (*fig.* 20) peut être décomposé en triangles et en trapèzes. Il suffit donc, pour savoir mesurer le premier polygone venu, de savoir mesurer un triangle et un trapèze.

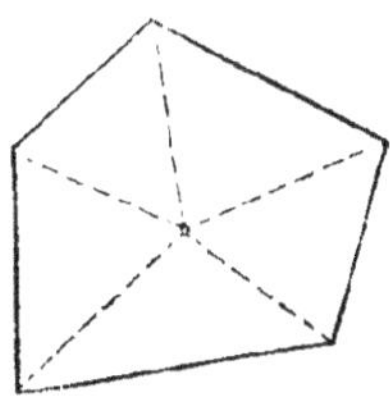

Fig. 20.

DU TRIANGLE.

Le triangle est le plus simple des polygones, parce qu'il faut au moins trois lignes droites pour limiter un plan.

Il y a plusieurs espèces de triangles dont voici la nomenclature et la forme :

1° Le *triangle équilatéral*, qui a ses trois côtés égaux (*fig.* 21);

2° Le *triangle isocèle*, qui a deux côtés égaux (*fig.* 22);

3" Le *triangle scalène,* dont les trois côtés sont iné-
gaux (*fig.* 23);

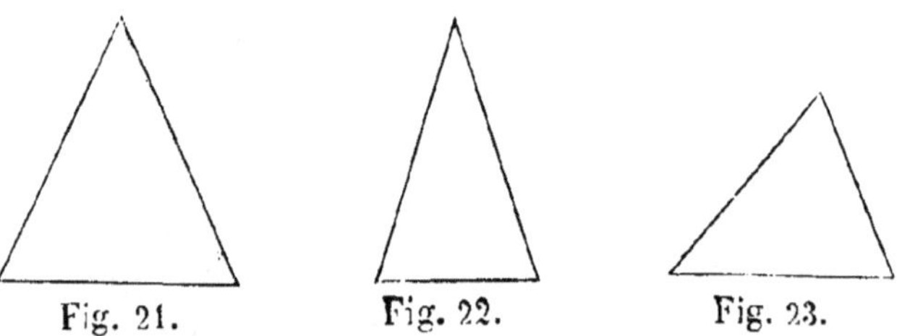

Fig. 21.   Fig. 22.   Fig. 23.

4" Le *triangle obtusangle,* qui a un angle obtus (*fig.* 24);

5" Le *triangle acutangle* dont tous les angles sont ai-
gus (*fig.* 25);

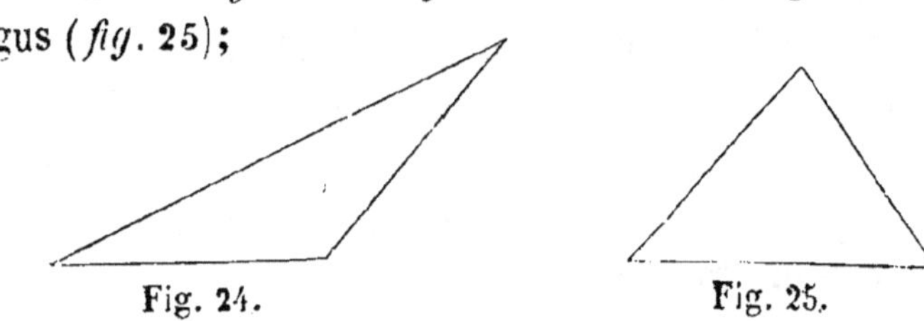

Fig. 24.   Fig. 25.

6° Le *triangle rectangle* ou *rectiligne* est le plus régulier de tous les triangles. Il a un angle droit (*fig.* 26).

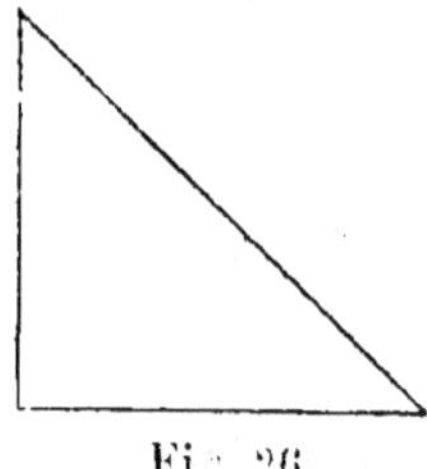

Fig. 26.

La somme des trois angles d'un triangle vaut deux
angles droits ou 90 + 90 = 180 degrés, d'où l'on voit
qu'il suffit de connaître, dans un triangle, deux angles
pour les connaître tous. En effet, soit un triangle dans
lequel on connaît un angle égal à 80 degrés, et un autre
de 70, la somme sera de 80 + 70 = 150; retranchant
cette somme de 180 degrés, mesure de deux angles

droits, on aura pour reste 30 degrés; c'est effectivement la mesure du troisième angle (*).

DU QUADRILATÈRE.

De tous les polygones, le quadrilatère est le seul, avec le triangle, qui change de dénomination en changeant de forme. Il y a cinq quadrilatères : le *carré*, le *rectangle*, le *losange*, le *parallélogramme*, le *trapèze*.

Le *carré* a ses quatre côtés égaux et ses quatre angles droits; c'est le quadrilatère le plus régulier (*fig.* 27).

Fig. 27.

Le *rectangle* est un quadrilatère dont les côtés opposés sont égaux et parallèles, et dont les quatre angles sont des angles droits (*fig.* 28).

Fig. 28.

Le *losange* a ses quatre côtés égaux, mais il n'a pas d'angle droit (*fig.* 29).

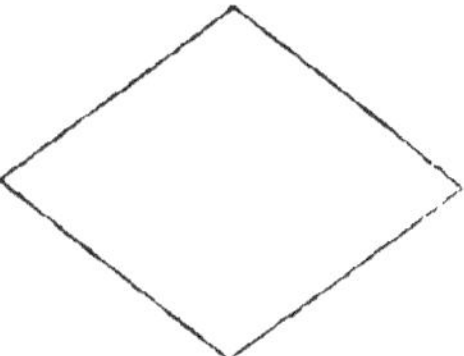

Fig. 29.

(*) Il est important de bien saisir cette propriété du triangle, elle est d'un grand usage dans la pratique.

Le *parallélogramme* proprement dit a aussi les côtés opposés égaux et parallèles, mais il n'a point d'angle droit (*fig.* 30).

Fig. 30.

Le *trapèze* a deux côtés seulement parallèles (*fig.* 31).

Fig. 31.

DESCRIPTION DES PRINCIPAUX INSTRUMENTS

DONT ON SE SERT

DANS L'ARPENTAGE ET LE LEVER DES PLANS.

Les principaux instruments en usage dans l'arpentage et le lever des plans, sont : la *chaîne d'arpenteur*, les *fiches*, les *jalons*, l'*équerre d'arpenteur*, le *graphomètre*, la *boussole*, le *niveau d'eau*, le *rapporteur*, l'*échelle de proportion*, la *planchette*, etc., etc.

La *chaîne d'arpenteur* (*fig*. 32) est fixée pour toute la

Fig. 32.

France à un décamètre de longueur; elle est divisée en 50 doubles décimètres, liés les uns aux autres par des anneaux en cuivre. Il y a un anneau plus gros pour marquer chaque mètre. Il y a à chaque bout une poignée, faisant partie de la longueur de la chaîne, assez grande pour y passer deux ou trois doigts. La chaîne d'arpenteur sert à mesurer les grandes distances.

Les *fiches* sont ordinairement en fil de fer d'un demi-mètre de hauteur (*fig*. 33); elles sont pointues à un bout et portent un anneau à l'autre extrémité; il en faut au moins une dizaine pour mesurer avec la chaîne d'arpenteur.

Les *jalons* (*fig*. 34) sont des morceaux de bois blanc d'un mètre et demi de longueur; ils sont ronds ou octogonaux. On insère un morceau de papier à une extrémité, tandis que l'autre est terminée en pointe pour mieux l'enfoncer dans le sol. Les jalons servent à tracer une ligne droite sur le terrain ou à faire remarquer la limite des propriétés.

(*)

Fig.33.  Fig.34.

L'*équerre d'arpenteur* est en cuivre, sa forme est ronde ou octogonale; elle a quatre fentes perpendiculaires qui servent de pinnules, afin de prolonger le rayon

---

(*) Les fiches doivent être plus petites que les jalons : la moitié environ.

visuel. Au-dessous et au centre de l'instrument se monte
à vis une douille qui sert à soutenir l'équerre sur son
pied. L'équerre d'arpenteur (*fig.* 35) sert à élever des
perpendiculaires sur le terrain.

Le *graphomètre* (*fig.* 36) est un instrument dont on

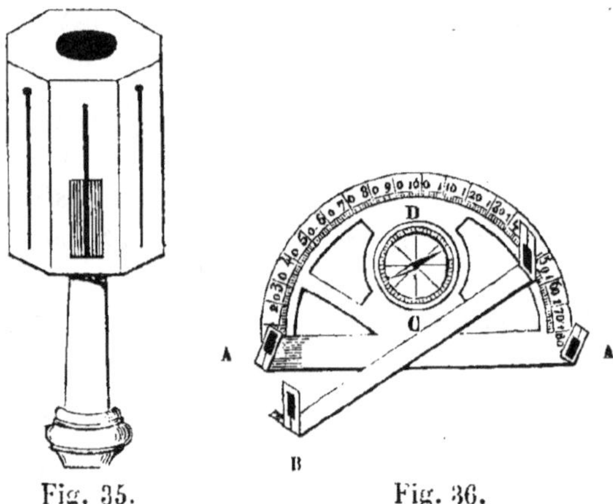

Fig. 35. Fig. 36.

se sert pour mesurer les angles sur le terrain; il se compose d'un demi-cercle en cuivre divisé en 180 degrés ou
en 200 grades, comme le rapporteur dont nous parlerons plus tard; il a deux règles dont l'une AA est fixe,
et l'autre B, nommée *alidade*, est mobile et tourne au-
tour du centre C du graphomètre. Aux extrémités de
chacune de ces règles se trouvent perpendiculairement
deux platines de cuivre appelées pinnules, percées du
haut en bas, dans leur milieu, par une fenêtre garnie
d'un fil vertical. Le graphomètre porte une *boussole* D,
et se meut sur un genou qui consiste en une boule de
cuivre fixée au centre et au-dessous de l'instrument;
cette boule tourne dans tous les sens. Le graphomètre
est porté sur un trépied.

La boussole du graphomètre sert à orienter les plans;

elle est composée d'une aiguille aimantée, qui a la propriété d'indiquer le nord à peu de chose près.

Le *niveau d'eau* sert à déterminer la hauteur comparative de plusieurs points d'un terrain. Il se compose d'un tube de fer blanc de 0^m 8 de longueur, dont les deux extrémités, qui se relèvent verticalement, sont terminées par deux tubes en verre cylindriques ou *fioles*. A son milieu, et en sens contraire, est soudé un manchon en fer-blanc, au moyen duquel le niveau (*fig.* 37) s'adapte sur un pied à trois branches.

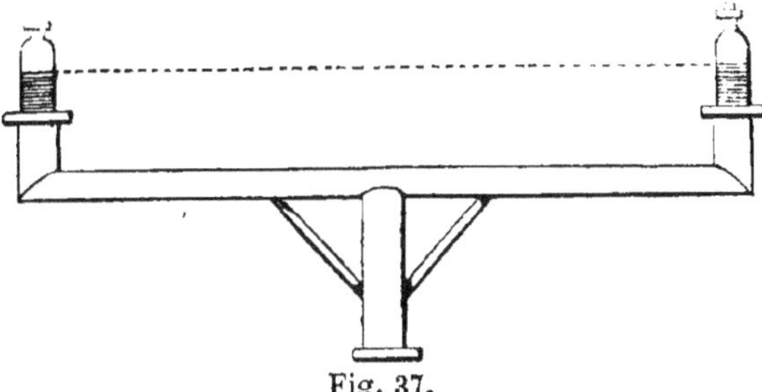

Fig. 37.

Quand on est pour s'en servir, on verse de l'eau pure ou légèrement colorée jusqu'à ce qu'elle monte dans les deux fioles. Cette eau se met au niveau quelle que soit l'inclinaison du tube de fer-blanc. Le rayon visuel qui rase les deux surfaces de l'eau est donc horizontal.

Le *rapporteur* (*fig.* 38) est un demi-cercle de cuivre

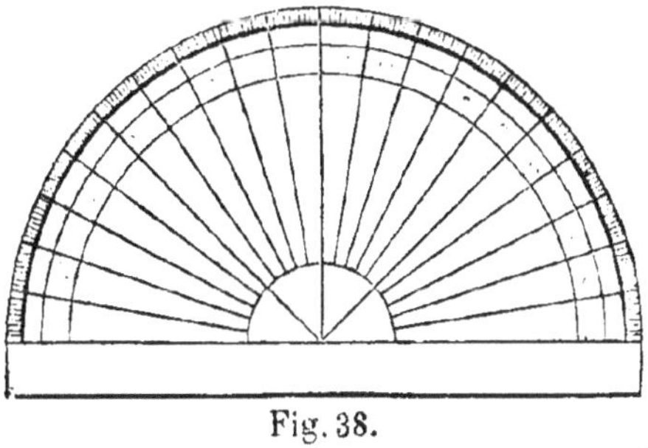

Fig. 38.

2

ou de corne, sur la circonférence duquel on a marqué les 180 degrés ou 200 grades, dont nous avons déjà parlé pour le graphomètre. Le rapporteur sert à mesurer les angles et à en former des *semblables*.

L'*échelle de proportion* est une ligne (*fig.* 39) qui re-

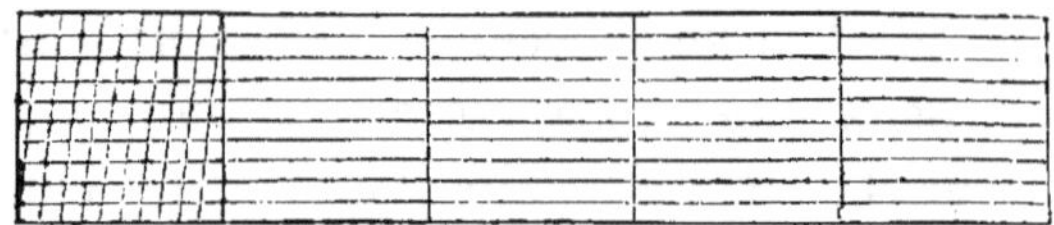

Fig. 39.

présente la longueur que doivent occuper sur le papier un certain nombre de mètres, mesurés sur le terrain. Une échelle très en usage est celle d'un millimètre pour mètre. Cette échelle est d'autant plus commode que l'on trouve dans le commerce des décimètres en buis et en cuivre très-bien gravés.

Quelquefois on la dessine soi-même, et alors on la fait comme on la désire; mais il vaut toujours mieux ne point s'écarter des mesures métriques, qui sont les seu-les adoptées par le gouvernement.

La *planchette* (*fig.* 40) n'est autre chose qu'une plan-che carrée, longue à peu près de 0^m 50 c. et portée sur un trépied. On emploie cet instrument aux mêmes usages que le graphomètre, c'est-à-dire pour mesurer les angles, mais l'angle étant tracé sur la planchette, il faut le mesurer avec le rapporteur. Pour lever le plan de la plupart des terrains, il suffit de mener sur la

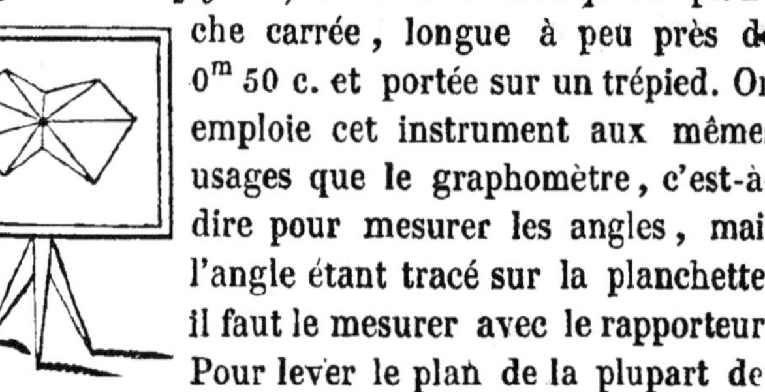

Fig. 40.

planchette des lignes parallèles et proportionnelles aux

côtés de ces mêmes terrains. La planchette est garnie d'une *alidade* en cuivre (*).

Pour tracer les directions nécessaires à la formation des plans, il suffit de faire glisser un crayon le long de cette alidade.

MESURE DES SURFACES.

La mesure du *carré* s'obtient en multipliant un de ses côtés par lui-même (*fig.* 41).

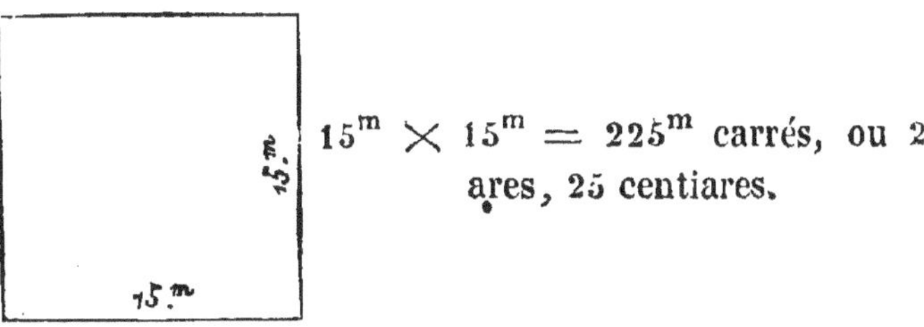

$15^m \times 15^m = 225^m$ carrés, ou 2 ares, 25 centiares.

Fig. 41.

La mesure du *rectangle* s'obtient en multipliant la base par la hauteur (*fig.* 42).

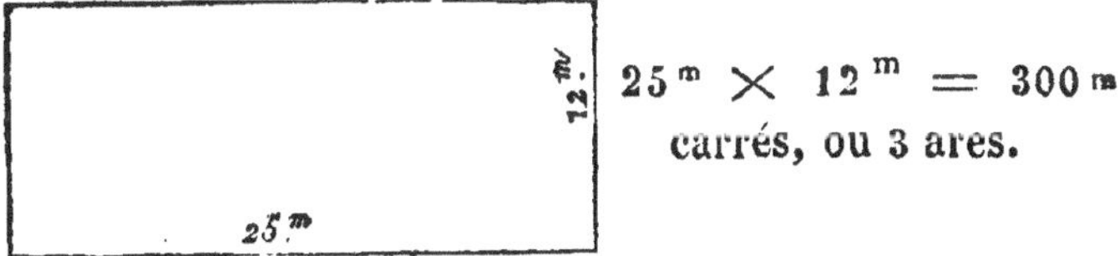

$25^m \times 12^m = 300^m$ carrés, ou 3 ares.

Fig. 42.

La mesure du *triangle rectangle* s'obtient en mul-

(*) L'alidade de la planchette a la même forme que l'alidade du graphomètre.

tipliant les deux côtés qui forment l'angle droit et
en prenant ensuite la moitié du produit (*fig.* 43).

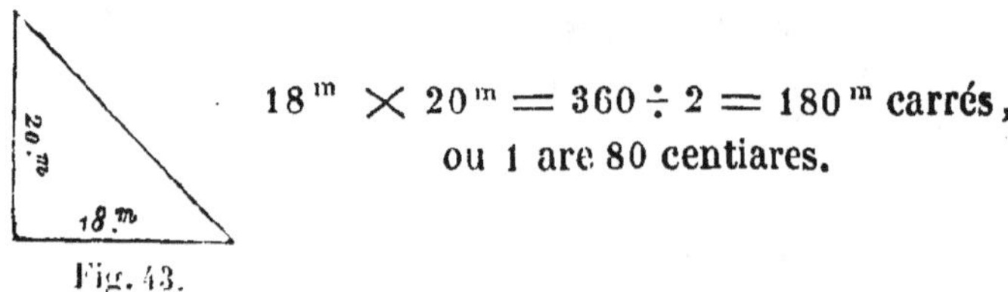

$$18^m \times 20^m = 360 \div 2 = 180^m \text{ carrés},$$
ou 1 are 80 centiares.

Fig. 43.

La mesure du *triangle quelconque* s'obtient en multipliant par la moitié de la hauteur (*fig.* 44).

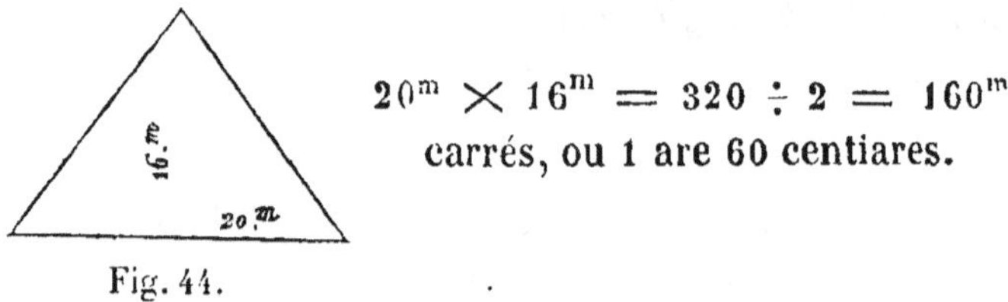

$$20^m \times 16^m = 320 \div 2 = 160^m$$
carrés, ou 1 are 60 centiares.

Fig. 44.

La mesure du *trapèze* s'obtient en multipliant les deux
côtés parallèles par la moitié de la distance de ces deux
côtés (*fig.* 45).

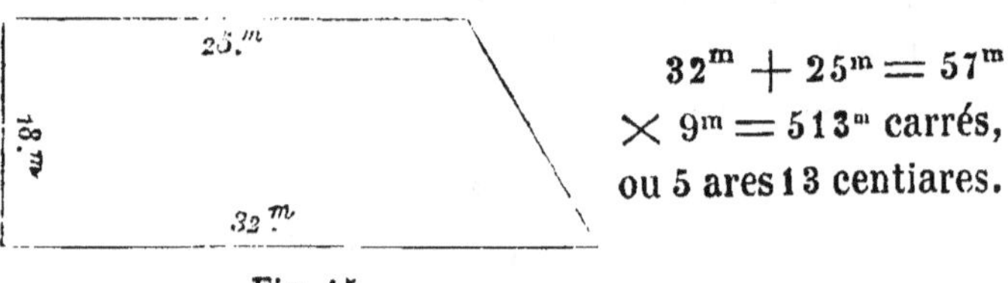

$$32^m + 25^m = 57^m$$
$$\times 9^m = 513^m \text{ carrés},$$
ou 5 ares 13 centiares.

Fig. 45.

La mesure du *parallélogramme* est la même que celle
du rectangle.

Pour plus de simplicité, *tous polygones* se décompo-
sent en triangles et en trapèzes; alors on a recours à la
mesure du triangle et du trapèze.

REMARQUE. — *Lorsqu'on connaît le diamètre d'un cercle, on obtient la longueur de sa circonférence en multipliant ce diamètre par la fraction 3,1416. Si on connaissait l'étendue d'une circonférence, on en obtiendrait le diamètre en la divisant par ce même nombre.*

La mesure du *cercle* s'obtient en multipliant la circonférence par la moitié du rayon (*fig.* 46).

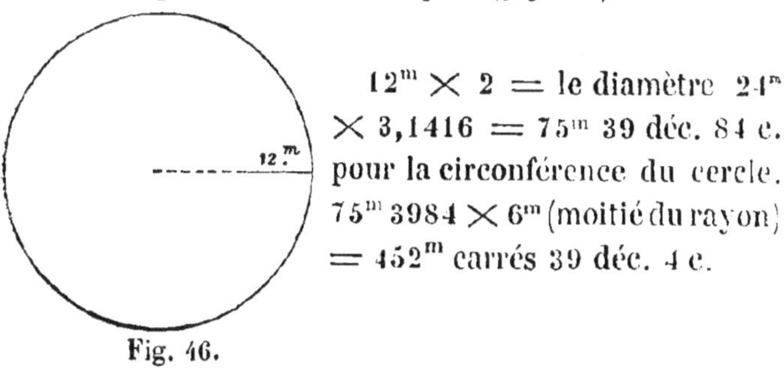

$12^m \times 2 =$ le diamètre 24^m
$\times 3{,}1416 = 75^m$ 39 déc. 84 c.
pour la circonférence du cercle.
$75^m 3984 \times 6^m$ (moitié du rayon)
$= 452^m$ carrés 39 déc. 4 c.

Fig. 46.

La mesure d'une *ellipse* s'obtient en multipliant la moitié du grand axe (*) par la moitié du petit, puis en multipliant le produit obtenu par le nombre 3,1416 (*fig.* 47).

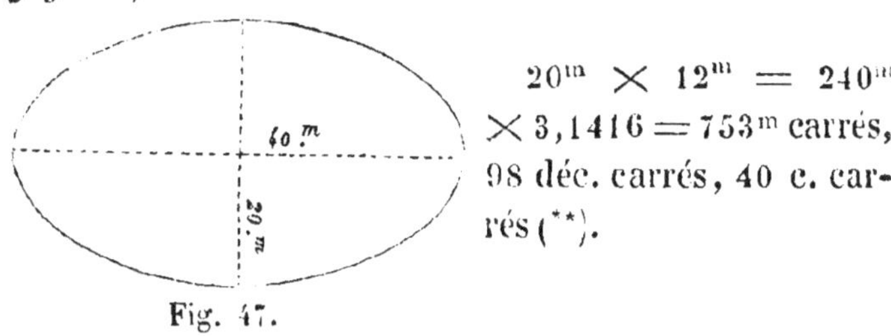

$20^m \times 12^m = 240^m$
$\times 3{,}1416 = 753^m$ carrés,
98 déc. carrés, 40 c. carrés (**).

Fig. 47.

(*) On appelle *axe* une ligne qui passe par le centre d'un cercle ou d'un globe quelconque.

(**) Nous espérons que le professeur, dans le but de familiariser de plus en plus ses élèves avec ces différentes mesures, voudra bien tracer sur le tableau noir des figures qu'ils devront mesurer.

PROBLÈMES VARIÉS SUR L'ARPENTAGE

ET LE LEVER DES PLANS,

Pour se familiariser avec les instruments que nous avons décrits.

1° *Mesurer un triangle sur le terrain.*

Soit ABC (*fig.* 48 et 49) le triangle situé sur le terrain;

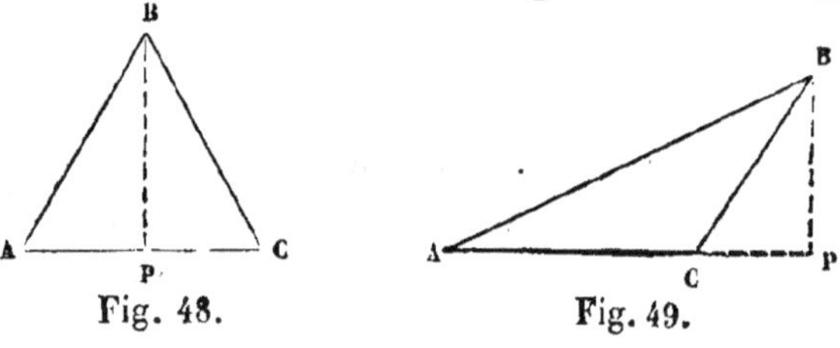

Fig. 48.   Fig. 49.

après avoir planté des jalons à chacun des sommets et avoir pris AC pour base, on s'occupera de déterminer la hauteur BP au moyen de l'équerre d'arpenteur ou du graphomètre. Ensuite on mesurera avec la chaîne et les fiches les distances AC, BP, et l'on effectuera les calculs.

2° *Mesurer un terrain d'une forme polygonale quel-conque.*

Soit le terrain ABCDEFGH (*fig.* 50); on pourrait

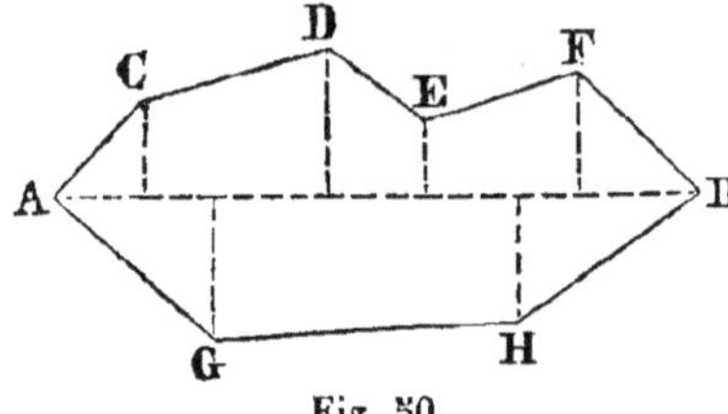

Fig. 50.

le diviser en triangles et en trapèzes, comme nous l'avons déjà dit. Mais il existe un procédé plus simple encore, qui consiste à choisir convenablement une base principale que l'on nomme *directrice*, sur laquelle, au moyen de l'équerre ou d'u graphomètre, on abaisse des perpendiculaires de tous les sommets C, D, E, etc.; celles-ci formeront un certain nombre de triangles rectangles et de trapèzes que l'on mesurera séparément, et dont la somme totale donnera la surface demandée.

3° *Mesurer un terrain en partie curviligne.*

Soit le champ ABCDE (*fig.* 51). Pour la partie curviligne AMB, on supposera menée la droite AB, qui joint les extrémités de la courbe; on divisera AMB en parties AN, NM, MR, RB *sensiblement droites*, et sur la base AB on

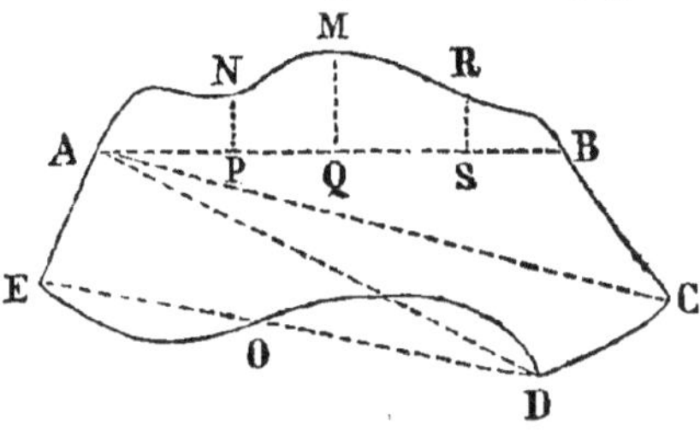

Fig. 51.

élèvera les perpendiculaires NP, MQ, RS qui détermineront des petits triangles et des trapèzes, qu'on regardera comme rectilignes, et dont on évaluera les surfaces. Leur somme donnera la superficie AMB.

Quant aux autres parties curvilignes EO, OD, on pourrait opérer comme ci-dessus; mais si les courbes sont en sens inverse, comme l'indique la figure, on opérera plus rapidement, si l'on peut mener une droite ED, qui établisse une compensation entre la portion détachée EO et la portion OD ajoutée à ce terrain.

Il ne resterait plus enfin qu'à évaluer les triangles intérieurs ABC, ADC, AED (*).

(*) Il faut observer que la lettre qui représente le sommet de l'angle, c'est-à-dire l'angle lui-même, se place toujours au milieu.

On voit par là que la superficie d'un champ curviligne ne peut s'obtenir que d'une manière approximative,
et l'approximation sera d'autant plus juste qu'on aura
divisé les courbes en plus de parties.

4° *Mesurer un terrain dans l'intérieur duquel on ne
peut pénétrer.*

Soit le terrain inaccessible MNSP (*fig.* 51). On

Fig. 52.

l'insérera dans un rec-
tangle ADBC, dont on
évaluera la surface, et
l'on en retranchera la
somme des parties exté-
rieures MAN, NBS, etc.,
dont il est facile d'avoir la mesure ; la différence sera la
superficie demandée.

5° OBSERVATION. — *Pour mesurer la distance qui
nous sépare d'un point inaccessible*, on considère ce
point comme étant le sommet d'un des angles d'un
triangle dont on peut exprimer un côté en mètres ou sub-
divisions du mètre.

6° *Mesurer la distance de deux points* A, B, *séparés
par une rivière* (*fig.* 53).

Au point A, supposé accessible, on placera l'équerre

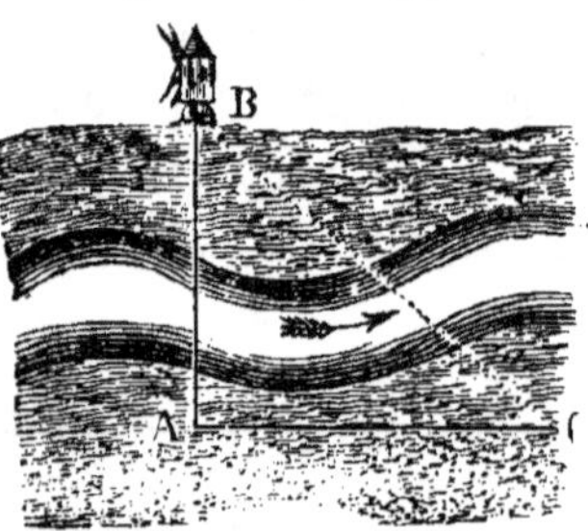
Fig. 53.

ou le graphomètre pour élever la perpendiculaire AC à
AB que l'on représentera sur
le papier indéfiniment. Ayant
mesuré la perpendiculaire AC,
on représentera chaque mètre
selon l'étendue indiquée sur
l'échelle de proportion. Puis
plaçant l'équerre ou le graphomètre au point C, on dé-

terminera avec le rapporteur l'ouverture de l'angle ; après quoi on prolongera l'*hypoténuse* (*) CB, et le triangle sera formé ; ensuite portant sur AB, autant de fois qu'il sera nécessaire, la longueur d'un mètre sur le papier, on aura la distance demandée.

Si on avait la distance de plusieurs points à déterminer , il faudrait recommencer la même opération pour chaque point.

7° *Mesurer la distance de deux points inaccessibles* AB (*fig.* 54).

Placez le graphomètre successivement aux points C et D; mesurez les angles ACD, ADC, BCD et BDC; mesurez à la chaine la distance CD et représentez-la sur le papier divisée en autant de parties que vous avez trouvé de mètres; vous pourrez alors déterminer la distance des deux points

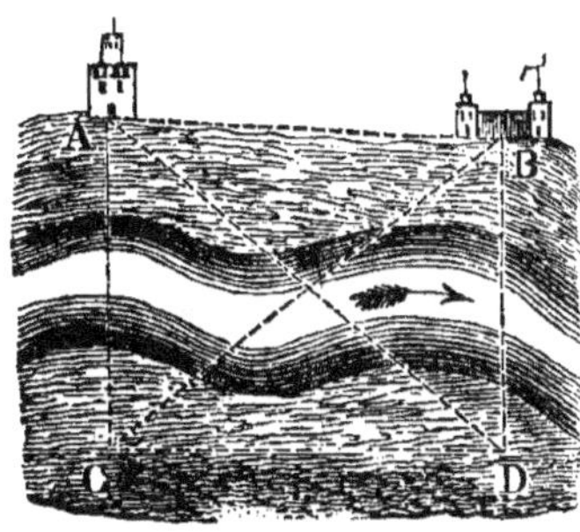

Fig. 54.

inaccessibles AB par un procédé analogue à celui que nous venons de démontrer.

8° *Mesurer une hauteur inaccessible avec le graphomètre.*

La mesure des hauteurs inaccessibles se trouve en faisant usage du graphomètre, de l'échelle de proportion et du rapporteur , comme dans les exemples précédents.

(*) On appelle *hypothénuse* le côté opposé à l'angle droit du triangle rectangle.

2.

9° *Mesurer la hauteur d'une tour accessible à son pied.*

On peut encore obtenir le résultat demandé d'après le même procédé, et c'est le moyen le plus juste. Mais il y a une solution plus simple que l'on peut effectuer au moyen d'une proportion. Après avoir comparé l'ombre d'un mètre, par exemple, avec l'ombre projetée par la tour, on exprime en chiffres la proportion suivante :

L'ombre d'un mètre : l'ombre totale de la tour :: un mètre : terme inconnu.

Ce terme inconnu est la hauteur de la tour; on l'obtient en faisant les opérations d'usage.

10° *Trouver la hauteur verticale d'un édifice dont le pied est inaccessible (fig. 55).*

Fig. 55.

On choisit convenablement sur le sol une base AB dont on mesure la longueur, et en mesurant avec le graphomètre les angles XBA et BAX, on construit sur le papier un triangle semblable à AXB, lequel donnera la longueur du côté AX. Ensuite au moyen de l'hypoténuse AX et de l'angle XAO, dont le côté AO est horizontal, on pourra construire le triangle rectangle AOX qui fera connaître la hauteur demandée XO.

11° *Lever le plan du terrain représenté par la fig. 56 avec la planchette.*

On choisira une position centrale où l'on fixera la planchette ; on pourra la placer horizontalement au moyen du niveau d'eau. On marquera avec une aiguille un point *o* pour représenter celui du terrain

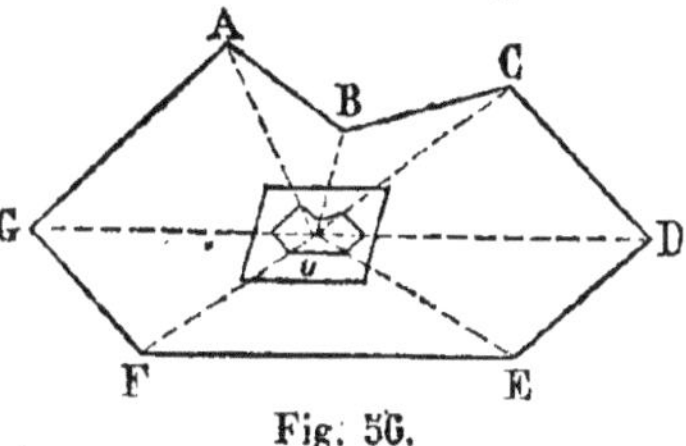

Fig. 56.

où l'on s'est placé. On plantera des jalons à tous les sommets A, G, F, E, D, C et B, puis on placera le bord de l'alidade contre l'aiguille, et l'on tracera tous les rayons partant du centre O. Ayant mesuré tous ces mêmes rayons, on en représentera la longueur sur la planchette au moyen de l'échelle de proportion.

12° *Orienter le terrain* ABCD (*fig.* 57).

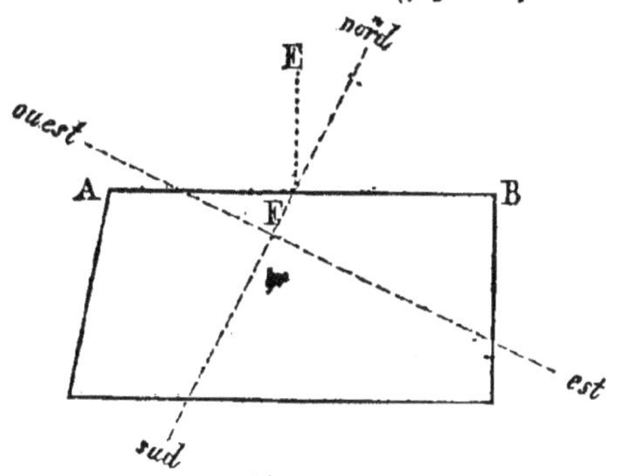

Fig. 57.

Abaissez la perpendiculaire EF, au moyen du graphomètre à boussole, sur le côté AB, qui est le plus au nord, et voyez de combien de degrés ou de minutes l'aiguille aimantée de la boussole s'écarte de cette perpendiculaire. Alors rien de plus facile que de construire aussitôt sur le papier cette même perpendiculaire et la rose des vents.

Si l'on craint que l'erreur de la déclinaison ne soit

trop sensible, il y a un autre moyen qui consiste à planter verticalement en terre deux jalons bien droits dans la direction de l'*étoile polaire du nord*. La direction indiquée par ces deux jalons présentera la *méridienne* aussi exactement qu'on peut le désirer : on sait sans doute que la méridienne va du midi au nord.

L'étoile polaire du nord est constamment à la même place; elle est remarquable par l'éclat dont elle brille. Un grand nombre de personnes la connaissent.

OBSERVATIONS SUR LE NIVELLEMENT. — Le nivellement est une opération qui a pour but de déterminer la hauteur de un ou de plusieurs points d'un terrain, comparativement à un autre qui est le plus bas. Il y a deux sortes de nivellements : le *nivellement simple* que l'on fait en une station, et le *nivellement composé* que l'on fait en plusieurs stations.

14° *Niveler la colline* AQUR, etc. (*fig.* 58).

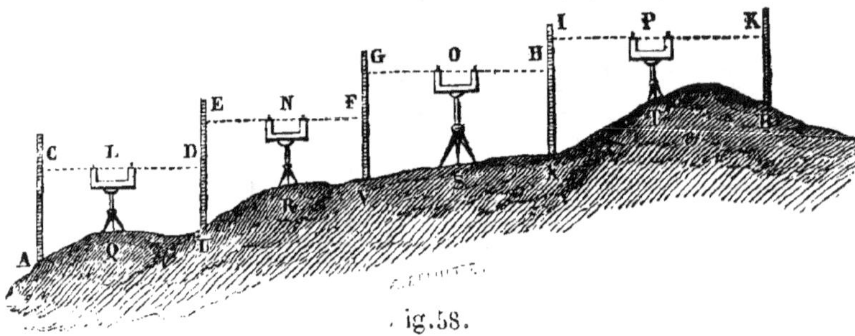

fig. 58.

Ayant choisi les points Q, R, S, T, éloignés l'un de l'autre de 250 mètres environ pour y placer le niveau d'eau, on fera planter des piquets aux points intermédiaires, et l'observateur étant placé au point Q, après avoir envoyé le *porte-mire*(*) aux points A et U, dirigera

---

(*) Le porte-mire est celui qui porte la planchette dont on se sert pour mirer.

les rayons visuels LC, LD, et écrira sur son tableau : 1° la hauteur CA, qu'on suppose être de 1 mètre 50 centimètres, dans la colonne intitulée *arrières* (*) ; et la hauteur DU de 0ᵐ 50 c., dans la colonne intitulée *avants* (**). On transportera ensuite le niveau à la seconde station R, d'où l'on dirigera les rayons NE, NF, et l'on écrira les hauteurs EU, FV, comme on l'a fait pour la première station, et ainsi de suite.

Le nivellement étant terminé, on ajoutera ensemble respectivement les hauteurs écrites dans chacune des colonnes, et ayant soustrait le plus petit nombre du plus grand, le reste sera la quantité dont le point B sera plus élevé au-dessus du point A.

Afin de rendre cet exemple plus sensible, nous avons écrit toutes ces hauteurs telles que nous les avons trouvées sur le terrain en y ajoutant les distances entre chaque point de mire.

ARRIÈRES.	DISTANCES.	AVANTS.
CA 1,50	AU 252 mètres.	DU 0,50
EU 1,76	UV 223 —	FV 0,72
GV 1,97	VX 247 —	HY 0,47
IX 2,00	XB 282 —	KB 0,82
7,23	994 mètres.	2,51

Arrières...... 7,23
Avants........ 2,51

Reste........ 4,72 pour la pente du point A au point B. Si l'on veut connaître combien il y a

---

(*) Les *arrières* sont les points déterminés en nivelant en arrière; c'est le contraire pour les *avants*.

(**) *Idem.*

de pente par 100 mètres, etc., etc., on opérera comme pour l'exemple précédent.

14° *Partage des propriétés.* Le partage des propriétés présente quelques difficultés, surtout pour les commençants; elles peuvent presque toutes se résoudre d'après les principes suivants :

1° *Le partage des propriétés ayant la forme d'un carré, d'un rectangle, d'un trapèze, d'un triangle, d'un cercle, n'offre point de difficulté. La simple inspection de la figure fournit le moyen.*

2° *Pour séparer d'une propriété une certaine portion de cette même propriété, il faut exprimer toute l'étendue à prendre en mètres carrés (centiares), afin de mieux calculer les opérations à faire.*

3° *Si toute une propriété doit être partagée entre plusieurs propriétaires, il faut diviser la contenance totale par le nombre de propriétaires, puis opérer comme ci-dessus.*

4° *S'il se trouve un point commun, un puits, par exemple, au milieu de la propriété, et où chacun veut avoir le droit d'aboutir, il faut opérer comme au troisième principe après avoir mené sur le terrain la première ligne de séparation des parties.*

CONCLUSION.

—

Avant de se rendre sur le terrain, il faut bien posséder la théorie que nous venons de développer, afin de pouvoir l'appliquer sans trop d'hésitation. Pour rendre de plus en plus certaine la force des élèves, le professeur fera bien de compléter la série de nos problèmes. Il peut les multiplier à l'infini sur le tableau noir et exiger que chaque élève mentionne les opérations à faire, s'il avait les mêmes figures à arpenter sur le terrain.

Mais il ne suffit pas, à la rigueur, d'avoir arpenté un terrain quelconque, ni même d'en avoir levé le plan, il faut encore représenter, d'une manière distincte et conventionnelle, les différents aspects qu'offre la nature, soit stérile, soit productive. Les notions de *lavis des plans* que nous allons donner, pourront guider le jeune géomètre dans ce genre de travail.

LAVIS DES PLANS.

Remarque. — Nous ne parlerons point du dessin qui doit précéder le *lavis des plans*; il suffit de voir la planche coloriée, jointe à ce volume, pour résumer d'un seul coup d'œil tout ce que nous aurions pu dire. Nous ne parlerons point non plus des objets nécessaires pour le lavis, nous ne ferons que les nommer, car leur emploi est trop simple pour n'être point découvert par ceux qui doivent en faire usage. Ces objets sont : les *pinceaux,* les *godets,* la *gomme arabique en poudre pour glacer,* l'*encre de Chine,* la *sépia naturelle,* la *gomme-gutte,* le *carmin,* le *bleu de Prusse* ou *indigo,* le *vert d'eau,* etc.

TEINTES CONVENTIONNELLES

ADOPTÉES POUR LES PLANS.

1° Les *terres labourables* restent en blanc, ou se lavent avec un mélange de carmin, de gomme-gutte et d'encre de Chine.

2° Les *vignes* se lavent avec un mélange d'encre de Chine, de carmin, de sépia et d'indigo.

3° Les *prés* se lavent avec un vert gai, composé de gomme-gutte, et de bleu de Prusse.

4° Les *flaques d'eau* se lavent avec une teinte bleue.

5° Les *vergers* se lavent avec un vert très-léger.

6° Les *landes* se lavent d'abord avec une teinte vert terre, puis avec une teinte aurore pâle.

7° Les *friches* se lavent avec un vert très-léger, puis avec une teinte aurore affaiblie.

8° Les *bois et les forêts* se lavent avec une teinte de jaune légèrement verte. Il faut exprimer les arbres par une teinte plus foncée.

9° Les *taillis et les broussailles* se lavent avec un vert pâle ; on indique çà et là quelques massifs.

10° Les *bruyères* se lavent panachées de vert et de rose.

11° Les *sables* se lavent avec une teinte aurore. On les pointille légèrement avec la plume.

12° Les *étangs* se lavent avec un bleu léger, ainsi que les *rivières et les ruisseaux*.

13° Les *rochers* se lavent avec une teinte pâle de carmin, mêlée avec une teinte d'encre de Chine.

14° Les *carrières* se lavent avec un mélange de bleu et de carmin ; on indique les ombres.

15° Les *arbres* se dessinent avec leur tige et leur feuillage. C'est ici surtout qu'il faut *imiter la nature*, afin que l'œil distingue facilement les peupliers des chênes et des arbres fruitiers.

16° Les *fossés* se représentent par deux lignes parallèles ; il faut avoir soin de représenter les *ombres*, ainsi que le long des *chemins*, des *routes*, etc.

17° La *mer* se lave avec une teinte bleue, ou vert-bleu. On indique la grève par une teinte jaunâtre, sur laquelle on marque des points à l'encre de Chine. On détermine ainsi la partie du rivage qui est inondée pendant la haute mer par une teinte légèrement bleue.

18° Les *plans des bâtiments* se lavent avec une teinte foncée, soit de carmin, soit de bleu de Prusse, soit de noir d'ivoire, soit d'encre de Chine, etc. Quant aux autres compartiments, il faut, autant que possible, chercher à imiter ; ainsi une place pavée en carreaux bien rouges, pourra se laver avec un mélange de carmin et de vermillon, etc.

19° Les *façades* se lavent avec différentes couleurs qui doivent toujours former un ensemble vrai et agréable.

Il faut toujours bien indiquer les ombres, c'est l'important.

Pour se familiariser en peu de temps avec ces différentes teintes, les élèves feraient bien de copier plusieurs fois la planche que nous avons donnée pour modèle. Elle représente un plan tel que nous le désirons : en voici la mesure :

Trapèze	L	=	1,164^m	75 c.
Triangle	M	=	1,718	75
Triangle	N	=	1,630	95
Trapèze	O	=	1,059	30 (*)
Trapèze	P	=	2,142	00
Trapèze	Q	=	1,537	39
Total		=	9,253^m	314 c.

La superficie du rectangle est de 21,804^m — 9,253^m 14 = 12,300 mètres carrés 8 c., ou 1 hectare, 23 ares, 00 centiare.

(*) Le triangle N et le trapèze O pourraient être mesurés comme un seul triangle.

CONVERSIONS PRINCIPALES

DES

ANCIENNES MESURES DE L'ARPENTAGE EN NOUVELLES.

ANCIENNES MESURES.	VALEUR DANS LE NOUVEAU SYSTÈME.
Toise.	1ᵐ 95 c.
Pied.	32 c. 48 dix-mill.
Pouce.	27 millimètres.
Ligne.	2 — 2 dix-mill.
Perche carrée de 18 pieds.	34 centiares.
— 20 —	42 —
— 22 —	51 —
— 24 —	59 —
Lieue.	4,444 mètres.

TABLE DES MATIÈRES.

FIN.

L'ARPENTAGE À SA PLUS SIMPLE EXPRESSION.

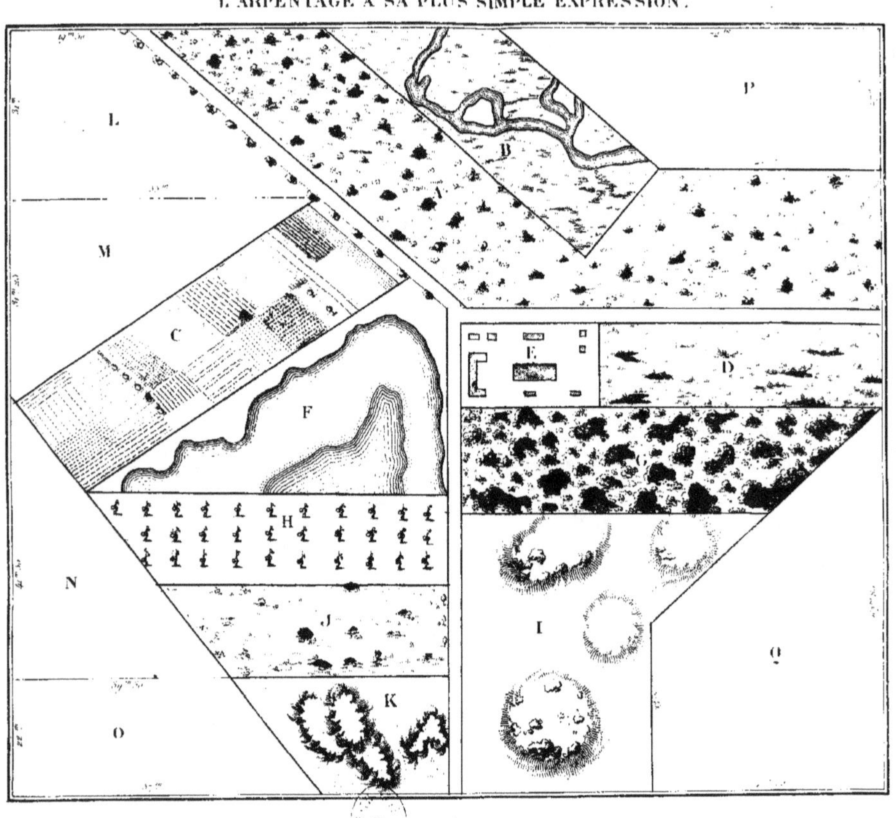
A Taillis, Broussailles
B Prés et Flaques d'eau
C Terres Labourées, Sillons
D Bruyères
E Habitations
F Mer, Sable, Haute Mer
G Bois, Forêts
H Vignes, Echalas et Ceps
I Montagnes, Rochers
J Friches
K Sables, Rochers